Iman Sabah Mustafa

Tecnologia Web e sistemas distribuídos

Iman Sabah Mustafa

Tecnologia Web e sistemas distribuídos

A Fronteira Digital: Integrar a Realidade Virtual através de Sistemas Distribuídos e Tecnologias Web

ScienciaScripts

Imprint

Any brand names and product names mentioned in this book are subject to trademark, brand or patent protection and are trademarks or registered trademarks of their respective holders. The use of brand names, product names, common names, trade names, product descriptions etc. even without a particular marking in this work is in no way to be construed to mean that such names may be regarded as unrestricted in respect of trademark and brand protection legislation and could thus be used by anyone.

Cover image: www.ingimage.com

This book is a translation from the original published under ISBN 978-620-8-11905-8.

Publisher:
Sciencia Scripts
is a trademark of
Dodo Books Indian Ocean Ltd. and OmniScriptum S.R.L publishing group

120 High Road, East Finchley, London, N2 9ED, United Kingdom
Str. Armeneasca 28/1, office 1, Chisinau MD-2012, Republic of Moldova, Europe
Printed at: see last page
ISBN: 978-620-8-22139-3

ÍNDICE

Resumo

A realidade virtual (RV) refere-se à prática de criar ambientes simulados utilizando tecnologia informática, permitindo aos utilizadores interagir com esses mundos virtuais como se fossem reais. Engloba multimédia interactiva e simulações informáticas que mergulham os utilizadores num ambiente artificial. Normalmente, a RV envolve um designer responsável pela construção de toda a experiência virtual, quer seja para fins de entretenimento, educação ou profissionais. Existe uma vasta gama de software para criar estes ambientes virtuais, sobretudo nos jogos de vídeo, onde os utilizadores podem participar em experiências imersivas. No entanto, a RV não se limita ao lazer; é também utilizada em contextos sérios como a formação médica, a educação e as simulações militares, que exigem níveis mais elevados de concentração e interação do utilizador. Um conceito relacionado, a realidade aumentada (RA), mistura elementos do mundo real com melhorias geradas por computador. Ao contrário da RV, que mergulha totalmente os utilizadores num ambiente completamente simulado, a RA sobrepõe elementos digitais ao mundo real. Um exemplo popular de RA é o Snapchat, que permite aos utilizadores aplicar filtros aos seus rostos, misturando imagens do mundo real com alterações digitais. Enquanto a RV exige que o utilizador esteja totalmente imerso num mundo gerado por computador, a RA permite que o utilizador permaneça presente no seu ambiente real enquanto interage com objectos virtuais. Na RA, os componentes visuais são colocados em camadas sobre o ambiente do mundo real, criando uma realidade híbrida. A experiência do utilizador combina a presença física e o aperfeiçoamento digital, o que a torna uma ferramenta cada vez mais popular em sectores como o retalho, a navegação e o design. As tecnologias que permitem experiências de RV e RA incluem auscultadores com ecrãs incorporados e luvas equipadas com sensores. Estes dispositivos permitem aos utilizadores interagir com o mundo virtual de uma forma tátil e visual. Os auscultadores de realidade virtual, como o Oculus Rift ou o HTC Vive, mergulham totalmente o utilizador num mundo simulado em 3D, enquanto as luvas de RA permitem aos utilizadores manipular objectos virtuais como se fossem reais. Num futuro próximo, os óculos e auscultadores inteligentes avançados, integrados com tecnologia inteligente, tornar-se-ão comuns, misturando-se perfeitamente com smartphones, tablets e outros dispositivos digitais. Com apenas um auricular de RV, os utilizadores podem facilmente transportar-se para um mundo de realidade simulada, transformando a forma como se envolvem em aplicações práticas e de entretenimento.

1. INTRODUÇÃO

A tecnologia de realidade virtual (RV) está a tornar-se cada vez mais uma parte integrante da rotina diária das pessoas. As primeiras incursões na realidade virtual remontam aos anos 50, mas só nos anos 60 é que a RV foi oficialmente desenvolvida. Ao longo das décadas, a tecnologia evoluiu e, no virar do século XXI, começou a ter um impacto significativo na indústria dos videojogos. Esta evolução da RV foi paralela ao crescimento da World Wide Web (WWW), que atualmente depende de uma série de novas tecnologias para o seu sucesso. À medida que a tecnologia Web avança, o mesmo acontece com a capacidade da realidade virtual para proporcionar experiências imersivas numa série de domínios. Um dos principais domínios em que a RV tem tido um impacto notável é o da medicina e das aplicações militares. Na medicina, a RV é cada vez mais utilizada para formar médicos e cirurgiões em ambientes simulados que imitam situações médicas do mundo real, permitindo a prática sem riscos. Além disso, a RV está a ser explorada como uma ferramenta terapêutica, oferecendo ambientes imersivos para tratar doenças como perturbações de ansiedade, PTSD e até autismo. Para os indivíduos com autismo, a realidade virtual apresenta uma oportunidade de se ligarem melhor às experiências das pessoas que os rodeiam. A RV pode simular a forma como uma pessoa com autismo percepciona o mundo, ilustrando a sensibilidade acrescida que pode ter a determinados estímulos, como ruídos súbitos ou luzes brilhantes. Por exemplo, os indivíduos com autismo podem reagir fortemente a sons aparentemente insignificantes, como moedas a cair ou sapatos a roçar, o que pode fazer com que passem rapidamente de um estado calmo para o medo ou a angústia. Este tipo de experiência de RV ajuda a aumentar a consciencialização e a compreensão do autismo entre as pessoas neurotípicas. Em ambientes militares, a RV desempenha um papel crucial no treino de soldados para cenários de combate. Proporciona um ambiente seguro e controlado onde os formandos podem experimentar as condições do campo de batalha, navegar em terrenos perigosos e praticar a tomada de decisões sob pressão. Esta simulação oferece uma alternativa económica e segura aos exercícios de treino ao vivo, preparando os soldados para missões reais sem arriscar vidas. A evolução da tecnologia de RV tem sido auxiliada por uma variedade de componentes e acessórios adicionais, melhorando a sua funcionalidade. Os sistemas de RV requerem frequentemente hardware especializado, como auscultadores equipados com sensores e controladores que permitem aos utilizadores interagir com objectos virtuais. Este hardware segue os movimentos do utilizador e ajusta o ambiente virtual em conformidade, proporcionando uma experiência perfeita. No entanto, os dispositivos móveis e os computadores de secretária típicos não possuem os sensores avançados necessários para suportar experiências de RV totalmente imersivas. Os utilizadores podem criar conteúdos de RV nos seus computadores, mas a experiência em si requer normalmente equipamento especializado para apresentar e interagir com os conteúdos de forma eficaz. A par da RV, outra tecnologia relacionada, a realidade aumentada (RA), tem vindo a ganhar destaque nos últimos anos. A RA sobrepõe informação digital ao mundo real, permitindo aos utilizadores interagir simultaneamente com elementos reais e virtuais. Ao contrário da RV, que mergulha os utilizadores num ambiente totalmente virtual, a RA melhora o mundo real adicionando objectos ou informações virtuais. Um dos exemplos mais populares de RA são os filtros de rosto do Snapchat, que permitem aos utilizadores aplicar efeitos virtuais aos seus rostos em tempo real. Estes filtros combinam imagens do mundo real com melhorias digitais, criando uma experiência que mistura a realidade com elementos virtuais. Os utilizadores podem ver-se a si próprios em tempo real e, ao mesmo tempo, interagir com uma sobreposição tridimensional, proporcionando-lhes uma experiência aumentada única [1]. O potencial da RA para revolucionar sectores como a publicidade e a gestão é amplamente reconhecido. Muitos especialistas acreditam que a RA desempenhará em breve um papel significativo na transformação da forma como as empresas interagem com os clientes e gerem as operações. Ao integrar a RA na publicidade, as empresas podem oferecer experiências mais interactivas e personalizadas aos consumidores, tais como experimentações virtuais de produtos ou experiências de marca imersivas. A RA também pode simplificar os processos de gestão, fornecendo visualização de dados em tempo real e ferramentas interactivas para monitorizar fluxos de trabalho ou gerir recursos. Ao analisar a RV e a RA, é importante compreender que a RV mergulha completamente o utilizador num ambiente simulado, ao passo que a RA melhora a perceção que o utilizador tem do mundo real ao sobrepor-lhe objectos virtuais. Numa experiência de RV, cada elemento com que o utilizador interage é um produto da sua própria criatividade ou da criatividade do designer do sistema. Em contrapartida, a RA mantém uma ligação ao mundo real, permitindo aos utilizadores interagir simultaneamente com o ambiente físico e os objectos virtuais. As tecnologias emergentes, como os óculos inteligentes e os auscultadores, esbatem ainda mais a fronteira entre as realidades virtual e aumentada. Estes dispositivos, utilizados em combinação com dispositivos móveis ou computadores, melhoram a interação do utilizador com o ambiente que o rodeia. Os óculos inteligentes, por exemplo, podem projetar imagens ou informações virtuais diretamente no campo de visão do utilizador, oferecendo dados ou gráficos em tempo real sem que o utilizador tenha de desviar o olhar do seu ambiente físico. Este tipo de tecnologia de RA tem potencial para revolucionar áreas como a educação, o comércio a retalho e até actividades quotidianas como a navegação ou a comunicação. Em resumo, a realidade virtual e a realidade aumentada são tecnologias que continuam a evoluir e a integrar-se mais profundamente na vida quotidiana. A Realidade Virtual (RV) mergulha os utilizadores em ambientes totalmente simulados, permitindo-lhes experimentar e interagir com um mundo completamente virtual. Em contrapartida, a Realidade Aumentada (RA) melhora as experiências do mundo real, sobrepondo elementos digitais ao ambiente físico. Ambas as tecnologias têm tido uma aplicação generalizada em vários sectores, desde os jogos e o entretenimento a domínios mais críticos como a medicina, a formação militar e o marketing. Nos jogos, a RV oferece aos utilizadores experiências imersivas ao colocá-los num ambiente completamente virtual, permitindo uma jogabilidade dinâmica e interactiva. Entretanto, a RA melhora as experiências de jogo ao misturar elementos digitais com o mundo real, como se vê em jogos populares como o Pokémon Go. Na medicina, a RV é utilizada para fins de formação, proporcionando ambientes cirúrgicos simulados, enquanto a RA ajuda nas cirurgias em tempo real, sobrepondo dados críticos à visão do cirurgião. À medida que estas tecnologias continuam a evoluir, estão a tornar-se parte integrante da vida quotidiana, influenciando a forma como as pessoas interagem com os mundos digital e físico. O desenvolvimento crescente de óculos inteligentes, auscultadores de realidade virtual e outros dispositivos inteligentes está destinado a fundir ainda mais estas experiências imersivas com as actividades diárias. Quer seja para entretenimento, educação ou aplicações práticas, a RV e a RA estão preparadas para revolucionar a forma como compreendemos e interagimos com o mundo à nossa volta. O futuro da tecnologia imersiva está cheio de potencial, com a RV e a RA a oferecerem oportunidades ilimitadas para melhorar e transformar a forma como percepcionamos e interagimos com a própria realidade [2]. A Figura 1 apresenta um exemplo de realidade aumentada para o seu prazer visual.

Figura 1: AR (Realidade Aumentada)

A distinção entre RV e RA é direta. A Figura 2 ilustra a distinção entre elas.

Figura (2): Realidade Virtual (RV) VS Realidade Aumentada (RA)

A figura acima compara a Realidade Aumentada (RA) e a Realidade Virtual (RV). No lado esquerdo, uma pessoa segura um smartphone e o ecrã mostra um exemplo de RA em que uma cadeira virtual é sobreposta ao ambiente do mundo real visível através da câmara do telefone. No lado direito, uma mulher está a usar um auricular de RV, totalmente imersa num ambiente virtual. A imagem realça as diferenças entre a RA e a RV, em que a RA melhora as experiências do mundo real através de sobreposições digitais, enquanto a RV mergulha totalmente o utilizador num mundo virtual simulado. O centro da imagem apresenta o texto "AR vs VR", indicando a comparação entre as duas tecnologias.

2. TEORIA DE FUNDO

A computação em nuvem oferece várias caraterísticas essenciais, incluindo a prestação de serviços informáticos pré-embalados através da Internet, permitindo aos utilizadores aceder aos recursos de que necessitam a pedido. Uma das suas caraterísticas mais importantes é a flexibilidade que proporciona, permitindo aos utilizadores finais escalar rapidamente os recursos conforme necessário. O modelo de preços é também uma vantagem significativa, uma vez que os consumidores pagam apenas pelos recursos da nuvem que utilizam. Ao partilharem recursos informáticos, os serviços de computação em nuvem podem obter economias de escala, podendo transferir essas economias para as empresas. A computação em nuvem ganhou uma atenção significativa devido aos seus benefícios em termos de custos, uma vez que centraliza um enorme poder de processamento em pools, tornando possível a extração de dados em grande escala. Anteriormente, apenas as técnicas tradicionais de extração de dados eram viáveis, mas o surgimento da computação em nuvem revolucionou este domínio. Também levou ao desenvolvimento de modelos de programação e técnicas de desenvolvimento de software inovadores. Estes avanços permitem cálculos maciços e, ao mesmo tempo, melhoram os processos de menor escala, contribuindo para um desenvolvimento e operações mais eficientes [3].

Nos últimos anos, a computação em nuvem registou um aumento drástico de popularidade, levando várias organizações internacionais a rever as suas estratégias de TI. Esta mudança é largamente impulsionada pela integração de tecnologias como o big data, a Internet das Coisas (IoT) e a aprendizagem automática (ML), que, juntamente com a introdução de produtos e serviços móveis inovadores, transformaram o panorama tecnológico. No centro desta transformação está o modelo "as a service", que revolucionou a forma como as organizações abordam os investimentos e a implementação da tecnologia. O modelo "as a service", que engloba soluções como Software as a Service (SaaS), Platform as a Service (PaaS) e Infrastructure as a Service (IaaS), oferece benefícios excepcionais em termos de eficiência de investimento, velocidade de distribuição e escalabilidade. Ao adotar este modelo, as organizações podem reduzir significativamente as despesas de capital e as complexidades operacionais, uma vez que já não precisam de investir e manter uma infraestrutura física extensa. Em vez disso, podem aproveitar a nuvem para aceder a tecnologia de ponta numa base de subscrição, permitindo uma maior flexibilidade e controlo de custos. O impacto deste modelo vai para além dos benefícios financeiros; também permitiu uma implementação mais rápida e a escalabilidade dos serviços. As organizações podem adaptar-se rapidamente às novas exigências do mercado e aumentar ou diminuir as suas operações com um esforço mínimo, graças à elasticidade inerente à nuvem. As tecnologias emergentes de computação e de ligação em rede que utilizam infra-estruturas globais melhoram ainda mais esta capacidade, proporcionando aos utilizadores uma experiência optimizada e sem descontinuidades. Como resultado, o modelo "as a service" é diretamente responsável por muitos dos recentes avanços tecnológicos, tornando-o uma pedra angular das estratégias de TI modernas. A capacidade de tirar partido destas tecnologias através de soluções baseadas na nuvem garante que as organizações podem manter-se competitivas e inovadoras num ambiente digital cada vez mais rápido e dinâmico [3][4].

Isto aumenta a satisfação do cliente. No entanto, monitorizar a qualidade do serviço num ambiente multi-nuvem é um desafio devido aos atrasos de resposta, que podem variar de mínimos a nenhuns. A qualidade do serviço (QoS) torna-se difícil de avaliar. À medida que a gestão do nível de serviço (SLM) ganha importância, os grandes fornecedores necessitam cada vez mais dela para gerir eficazmente estes desafios [5]. As conclusões revelam que os factores ambientais externos, e não os aspectos organizacionais ou técnicos, têm o maior impacto na adoção de serviços baseados na nuvem pelas PME. Isto realça a importância das influências ambientais na adoção de tecnologia por parte das PME indianas. O método descreve eficazmente a forma como estes factores ambientais afectam a aceitação de novas tecnologias, realça o papel dos dados e examina a capacidade de armazenamento na nuvem. A análise numérica oferece informações sobre os factores críticos que influenciam as decisões das PME na adoção de serviços em nuvem [6].

Explorar estratégias para melhorar os modelos de Qualidade de Serviço (QoS) que envolvem filas de espera em aplicações práticas. Estatísticas precisas são essenciais para identificar quais serviços são necessários para alcançar os resultados desejados. As redes globais de centros de dados fornecem a capacidade de processamento necessária, mas as taxas de serviço são frequentemente influenciadas pela utilização de dados. Consequentemente, os custos podem variar consoante o fornecedor e o volume de dados geridos. A compreensão destes factores ajuda a otimizar a QoS e a gerir eficazmente as despesas, garantindo que os serviços são adaptados para satisfazer objectivos de desempenho específicos e restrições orçamentais [7].

A computação em nuvem, também conhecida como "computação a pedido" ou "computação em plataforma", inclui vários aspectos, como o armazenamento de dados, a gestão de servidores e bases de dados e a implantação de dispositivos. Estes termos reflectem a natureza flexível e escalável desta tecnologia. Quer sejam referidos como "computação a pedido" ou "plataformas de computação", ambos descrevem o mesmo modelo. Para os fornecedores de serviços em nuvem que dependem de servidores físicos, a criação de novas infra-estruturas é um processo moroso e dispendioso. Estes fornecedores têm de investir e atualizar continuamente as suas infra-estruturas para satisfazerem a procura crescente e manterem a qualidade do serviço [8].

A computação em nuvem oferece serviços de TI, proporcionando aos utilizadores finais um acesso fácil e a pedido a um conjunto partilhado de recursos informáticos actualizáveis. Os utilizadores podem personalizar estes recursos partilhados, como o armazenamento de dados e a capacidade de processamento. Também conhecida como "computação utilitária", a computação em nuvem facilita o armazenamento de dados online e não em discos rígidos locais ou dispositivos de cópia de segurança. Esta abordagem melhora a acessibilidade dos dados, permitindo que os utilizadores recuperem as suas informações a partir de qualquer dispositivo com ligação à Internet. Ao manter os dados em linha, a computação em nuvem simplifica a gestão e a recuperação dos dados, tornando-os mais cómodos e prontamente disponíveis [9]

A computação em nuvem fornece serviços e recursos informáticos baseados na Internet, normalmente designados por Software as a Service (SaaS) e Infrastructure as a Service (IaaS). Dependendo do design dos sistemas subjacentes, as nuvens podem ser categorizadas como redes privadas, públicas ou híbridas. Essa flexibilidade permite que as organizações escolham o modelo de nuvem que melhor atenda às suas necessidades de segurança, escalabilidade e gerenciamento de recursos [10].

Prevê-se que os serviços de computação em nuvem cresçam significativamente, evidenciando as limitações das infra-estruturas tradicionais de TI. Muitas empresas têm dificuldade em adaptar-se às mudanças tecnológicas e do mercado porque os seus ambientes técnicos actuais são inadequados para identificar e implementar novas soluções. Esta falta de flexibilidade prejudica a competitividade e torna a adaptação mais difícil. As soluções baseadas na nuvem resolvem estes problemas, oferecendo uma infraestrutura de TI mais adaptável e eficiente. Com várias implementações disponíveis, a computação em nuvem apoia o crescimento das empresas, fornecendo recursos escaláveis e flexíveis que as ajudam a acompanhar a evolução da procura e a aumentar a sua competitividade global [11].

O acesso aos dados da nuvem por diferentes grupos e equipas aumenta a interoperabilidade, promovendo uma melhor colaboração dentro das organizações. Este sistema acelera a recolha de dados e melhora a gestão da comunicação para os trabalhadores remotos, reduzindo os atrasos nos processos informáticos de rotina. Estes atrasos podem ter um impacto negativo na produtividade dos trabalhadores remotos, pelo que a sua resolução é crucial para manter a eficiência. Ao simplificar os métodos, a computação em nuvem permite que as organizações produzam mais em menos tempo [12].

À medida que as necessidades dos clientes em vários sectores evoluem, o desempenho e a escalabilidade tornaram-se cruciais. A arquitetura da nuvem foi concebida para se adaptar às necessidades em mudança de uma organização. As empresas em crescimento precisam de espaço e capacidade adicionais para acomodar novos clientes e actividades de mercado, impulsionadas por uma força de trabalho em expansão. As soluções na nuvem oferecem capacidades de auto-escalonamento, permitindo às empresas ajustar a utilização dos seus recursos na nuvem com base nas exigências operacionais. Esta flexibilidade é essencial para satisfazer as necessidades dinâmicas do ambiente empresarial A computação em nuvem também melhorou significativamente os tempos de carregamento dos sítios Web e reduziu as interrupções da Internet [13].

Alguns fornecedores de serviços na nuvem actualizam continuamente as suas linhas de produtos para incluir as mais recentes tecnologias de software, garantindo que as empresas podem satisfazer eficazmente as exigências dos clientes. Além disso, os servidores na nuvem são monitorizados e mantidos 24 horas por dia, o que pode levar a poupanças de custos e de tempo em comparação com a gestão da infraestrutura no local. Esta manutenção 24 horas por dia, 7 dias por semana, pode reduzir substancialmente a necessidade de pessoal técnico no local e as despesas associadas, que de outra forma seriam necessárias para a gestão de servidores locais. Além disso, as soluções baseadas na nuvem contribuem para os esforços de sustentabilidade, especialmente para as empresas que se concentram na responsabilidade social das empresas (RSE) e na redução da sua pegada de carbono. À medida que o armazenamento na nuvem se torna mais predominante, as empresas podem diminuir a sua dependência de servidores locais e dispositivos de armazenamento físico. Esta mudança para o armazenamento na nuvem não só apoia os objectivos ambientais, como também ajuda as organizações a minimizar a infraestrutura física que necessitam de manter. Os fornecedores de serviços na nuvem utilizam normalmente um modelo "pay-as-you-go", cobrando às empresas apenas os serviços que efetivamente utilizam. Este modelo ajuda a evitar gastos excessivos com serviços em nuvem [14].

Ao pagar com base na utilização, as organizações podem gerir melhor os seus recursos financeiros e evitar o peso dos pagamentos recorrentes. As empresas em crescimento podem tirar partido da escalabilidade dos sistemas de armazenamento na nuvem para acomodar as crescentes necessidades de armazenamento de dados sem incorrer em custos desnecessários. A flexibilidade da computação em nuvem permite que os funcionários trabalhem praticamente em qualquer lugar, desde que tenham uma ligação à Internet. Esta capacidade é possível graças ao facto de os dados na nuvem serem armazenados em locais remotos acessíveis através da Internet. O modelo de implantação da computação em nuvem utilizado por um fornecedor pode ser classificado com base na sua configuração e nos serviços oferecidos [15].

Estas categorias ajudam as organizações a escolher a solução de nuvem mais adequada com base nos seus requisitos específicos e necessidades operacionais. Em geral, a computação em nuvem oferece inúmeras vantagens, desde o aumento da colaboração e da produtividade até ao suporte da escalabilidade e da sustentabilidade. Ao utilizar os serviços de nuvem, as empresas podem gerir eficazmente os seus recursos, adaptar-se às exigências em constante mudança e reduzir os custos, mantendo uma infraestrutura de TI flexível e eficiente.

Nuvem secreta

As nuvens privadas oferecem menos suporte em comparação com a Infraestrutura como Serviço (IaaS), mas são mais económicas do que as implantações no local. Atualmente, os ambientes de nuvem interna são cada vez mais referidos como "nuvem interna" ou "nuvem corporativa", termos que se estão a tornar mais populares. Essas nuvens internas diferem das nuvens privadas, que são gerenciadas individualmente. As nuvens privadas oferecem flexibilidade, estabilidade e opções aprimoradas de administração e segurança. Embora a terceirização para a nuvem pública possa melhorar a segurança dos dados, ela exige que as empresas criem seus próprios firewalls internos para proteger totalmente seus dados. A terceirização da nuvem pública também proporciona economia de custos. Em contrapartida, a utilização de uma nuvem privada exige muito tempo e recursos para a gestão e manutenção dos servidores, o que pode ser uma desvantagem para as empresas [16].

Armazenamento em nuvem aberto

O termo "nuvem digital" refere-se ao espaço de servidor alojado por fornecedores terceiros que podem ser acedidos online. Este tipo de espaço de servidor é utilizado para armazenar dados e pode ser classificado em nuvens públicas e privadas. As nuvens públicas são acessíveis a qualquer pessoa e podem ser compradas ou utilizadas numa base de pagamento conforme o uso, enquanto as nuvens privadas são restritas e oferecem acesso limitado apenas a utilizadores autorizados. Os serviços em nuvem podem ser gratuitos ou ter um preço baseado no uso, como tempo, espaço ou consumo de dados. Ao utilizar serviços de nuvem, as empresas podem evitar os custos associados à compra e manutenção de hardware e software de servidor, bem como à gestão de actualizações. Esta mudança para a computação em nuvem pode levar a reduções de custos significativas. Além disso, a escalabilidade da memória e do armazenamento em ambientes de computação em nuvem permite às empresas gerir eficazmente o aumento das cargas de dados, facilitando a gestão do crescimento e a adaptação à evolução dos requisitos de dados [17].

Nuvem híbrida

A computação em nuvem especializada é essencial para a integração de recursos de nuvem pública e privada para atender às necessidades de processamento e armazenamento de dados em constante evolução. Este conceito, por vezes referido como "voodoo da nuvem", sugere que tanto as nuvens privadas como as públicas podem ser ajustadas para lidar eficazmente com as exigências em constante mudança. As empresas devem melhorar a sua capacidade de rede para acomodar o tráfego crescente tanto da nuvem como do armazenamento no local, uma vez que esta procura não é apenas impulsionada pela utilização da nuvem pública. Ao fazê-lo, as empresas podem manter a sua competitividade no mercado. A adaptação a estas exigências é crucial para a sobrevivência na atual economia em rápida evolução. Nas infra-estruturas de computação em nuvem multilocatário, os serviços são frequentemente adquiridos numa base à la carte. Isto permite que as organizações personalizem as suas soluções de nuvem de acordo com as suas necessidades específicas. Os sistemas de nuvem descentralizados tornaram-se cada vez mais populares, oferecendo vantagens como maior flexibilidade e menos preocupações com a segurança dos dados. Com uma abordagem descentralizada, os utilizadores podem beneficiar dos recursos distribuídos da nuvem, mantendo o controlo sobre os seus dados [18].

O rápido crescimento dos dados globais está a colocar desafios significativos ao sector das tecnologias da informação. De acordo com o livro branco da International Data Corporation "Data-Age 2025", prevê-se que a quantidade total de dados no universo aumente de 33 zettabytes em 2018 para 175 zettabytes em 2025. Prevê-se que este crescimento explosivo conduza a um aumento da procura de serviços na nuvem. As soluções de armazenamento em nuvem são adequadas para resolver alguns dos problemas associados à expansão exponencial dos dados. Ao reunir recursos em vários centros de dados através de uma rede, o armazenamento em nuvem permite aos utilizadores fazer cópias de segurança, partilhar e recuperar os seus dados a partir de qualquer dispositivo ligado à rede, normalmente através da Internet. Esta capacidade é uma caraterística fundamental da computação em nuvem, facilitando o intercâmbio e a gestão de dados sem descontinuidades [19].

A computação em nuvem, ou "computação online", permite que os dados sejam armazenados e acedidos através da Internet em vez de em servidores locais. A migração para a nuvem oferece inúmeras vantagens às empresas e aos seus clientes, incluindo a escalabilidade, a fiabilidade, o elevado desempenho, a disponibilidade e um modelo de preços "pay-as-you-go". A escalabilidade é particularmente importante, permitindo que as empresas ajustem os recursos com base na procura. No entanto, a terceirização de serviços para a nuvem também introduz riscos, como vulnerabilidades de segurança, perda de dados e possíveis interrupções de serviço. Apesar desses riscos, as vantagens da computação em nuvem fazem dela uma tecnologia valiosa para as empresas modernas [20].

Várias opções de armazenamento em nuvem amplamente utilizadas, como o OpenStack Swift, Ceph, Dropbox, Google Drive e Microsoft OneDrive, oferecem aos utilizadores formas flexíveis e acessíveis de armazenar e gerir dados. A crescente variedade destes serviços colocou uma maior ênfase na segurança dos dados no sector da computação em nuvem. Os utilizadores esperam que os fornecedores de serviços em nuvem (CSP) protejam os seus dados, forneçam serviços fiáveis e cumpram normas de segurança rigorosas. Esta procura crescente fez com que a confidencialidade dos dados e a integridade do serviço se tornassem preocupações críticas para os CSPs. Consequentemente, muitos fornecedores dão prioridade a uma encriptação robusta, a auditorias de segurança regulares e a controlos de acesso rigorosos para satisfazer as expectativas dos seus utilizadores e proteger a informação sensível [21].

Avaliar a segurança dos fornecedores de serviços de computação em nuvem pode ser um desafio devido à natureza intangível dos seus serviços. No entanto, os clientes são cada vez mais capazes de avaliar a segurança dos serviços de computação em nuvem que estão a considerar, o que ajuda a acelerar a adoção da computação em nuvem. Factores como a durabilidade e a consistência dos serviços podem influenciar significativamente estas avaliações, conduzindo a taxas de adoção mais rápidas. Para responder às preocupações de segurança, tanto os fornecedores de serviços de computação em nuvem como os seus clientes estão a negociar acordos de nível de serviço (SLA) de segurança. Estes acordos são cruciais para definir a relação entre os fornecedores de serviços de segurança e os seus clientes, especificamente no que respeita à gestão da segurança. Os SLAs estabelecem protocolos e responsabilidades claros, garantindo que ambas as partes entendam suas obrigações para manter a segurança. O acordo serve como um mecanismo para proteger os interesses do fornecedor e do cliente, exigindo cooperação para evitar violações de segurança e resolver os seus impactos financeiros e técnicos. Ao definirem claramente os termos e as expectativas, os SLA ajudam a reduzir os riscos e a garantir um quadro de segurança sólido, promovendo, em última análise, a confiança e facilitando transições mais suaves da computação em nuvem [22].

Para evitar violações de segurança, um Acordo de Nível de Serviço (SLA) de segurança requer a colaboração entre os fornecedores de serviços na nuvem (CSPs) e os seus clientes. Esse acordo estabelece responsabilidades e protocolos claros para garantir que ambas as partes trabalhem juntas para proteger os dados e evitar problemas de segurança. Os CSP enfrentam vários desafios críticos com a computação em nuvem, incluindo a garantia da fiabilidade do serviço, a gestão da atribuição de recursos, a preparação para a recuperação de desastres, a gestão da distribuição do trabalho e o cumprimento das restrições regulamentares. Como a computação baseada na Internet continua a crescer em popularidade, estes desafios podem ser resolvidos através da federação de várias nuvens. Ao subcontratar pedidos específicos de utilizadores a fornecedores de serviços terceiros, os CSP podem manter o controlo e a supervisão e, ao mesmo tempo, tirar partido de recursos externos.

Os serviços em nuvem são geralmente classificados em três tipos principais [23]:

1. **Software como serviço (SaaS):** Este modelo permite aos clientes aceder a uma vasta gama de aplicações através de um navegador Web. As aplicações mais populares, como o Bloco de Notas, o Paint e o Microsoft Word, estão disponíveis a preços baseados na utilização. Os principais fornecedores de SaaS incluem Google, ZOHO, Intuit e Salesforce.com.

2. **Plataforma como um serviço (PaaS):** A PaaS fornece uma plataforma para o desenvolvimento e a implantação de aplicações. Oferece um ambiente de desenvolvimento integrado (IDE) que inclui ferramentas essenciais, como compiladores e editores, num único pacote. Este modelo simplifica a criação e a gestão de estruturas de software. Os fornecedores de PaaS mais conhecidos incluem Google Apps, Force.com e Bungee Connect [24].

3. Infraestrutura como serviço (IaaS): A infraestrutura como serviço (IaaS) permite aos utilizadores aceder a recursos informáticos virtualizados através da Internet, tais como servidores, redes e armazenamento. Com a IaaS, os utilizadores podem selecionar e pagar apenas pelos serviços de que necessitam, oferecendo flexibilidade e eficiência de custos. Enquanto os utilizadores mantêm o controlo sobre a implementação de sistemas operativos, aplicações e dados, o fornecedor de serviços de computação em nuvem é responsável pela gestão da infraestrutura subjacente, incluindo hardware, armazenamento e rede. Isto permite às empresas escalar as suas necessidades informáticas sem terem de investir ou gerir hardware físico. Entre os exemplos de fornecedores populares de IaaS contam-se o Amazon EC2 e o EMC Atmos, que oferecem soluções de computação em nuvem personalizáveis para vários requisitos empresariais [25].

Nos últimos anos, a Internet das Coisas (IoT) tem ganho uma atenção considerável devido ao seu potencial transformador em vários sectores. O conceito, originalmente proposto por Kevin Ashton em 1999, surgiu dos rápidos avanços nos telemóveis, na identificação por radiofrequência (RFID), nas redes de sensores sem fios (RSSF) e na computação em nuvem. Estas tecnologias tornaram-se a base da IdC, que prevê uma vasta rede de dispositivos interligados capazes de comunicar entre si para recolher, partilhar e analisar dados. A visão de Ashton foi motivada pela necessidade de um sistema em que as máquinas pudessem interagir com o mundo físico sem intervenção humana, utilizando sensores e conetividade de rede para monitorizar e controlar ambientes, equipamentos e processos. A rápida expansão dos smartphones, o desenvolvimento de etiquetas RFID e os avanços na computação em nuvem ajudaram a tornar esta visão mais próxima da realidade, permitindo a transmissão e o processamento de dados em tempo real. As redes de sensores sem fios, em particular, desempenharam um papel crucial no desenvolvimento da IoT, fornecendo a infraestrutura para os dispositivos recolherem e partilharem informações de forma autónoma. Atualmente, a IoT está integrada em vários sectores, como os cuidados de saúde, a indústria transformadora, a agricultura e as cidades inteligentes, criando sistemas mais eficientes e melhorando os processos de tomada de decisões através de conhecimentos baseados em dados. medida que esta rede de dispositivos interligados continua a crescer, espera-se que a IdC tenha um impacto profundo no modo como vivemos e trabalhamos, transformando as indústrias e a vida quotidiana [26].

O conceito de Internet das Coisas (IoT) começou com uma ideia visionária que, desde então, evoluiu para uma tecnologia transformadora. A IoT revolucionou a comunicação ao permitir que os dispositivos ligados partilhem informações e realizem acções de forma autónoma. Esta rede inclui um conjunto diversificado de aparelhos electrónicos, incluindo computadores pessoais, computadores portáteis, smartphones, PDAs, tablets e vários outros dispositivos [26]. Estes dispositivos utilizam redes de comunicação sem fios robustas e sensores incorporados para transmitir dados cruciais aos sistemas centrais que gerem as suas operações. Este processo envolve sistemas backend que tratam do processamento, análise e distribuição de dados [27].

O rápido avanço das tecnologias da comunicação e da Internet facilitou uma mudança gradual, mas generalizada, do mundo físico para o mundo virtual. A Realidade Virtual (RV) e a Realidade Aumentada (RA) são os principais motores desta transição, combinando actividades da vida real - como o trabalho, as interações sociais e as compras - com ambientes virtuais. Esta integração estende-se às plantas virtuais e aos cuidados com animais de estimação, entre outras actividades. A passagem para um mundo totalmente automatizado, em que a intervenção humana se torna mínima, apresenta desafios e complexidades significativos [28].

À medida que a Internet das Coisas (IoT) continua a amadurecer, existem preocupações de que a Internet possa em breve enfrentar limitações na prestação de serviços. A IoT integrou com êxito numerosos elementos físicos no domínio digital, trabalhando para o objetivo de permitir que objectos inanimados executem tarefas de forma autónoma sem supervisão humana. As aplicações da IA no âmbito da IdC são vastas, abrangendo a saúde inteligente, a melhoria do estilo de vida, os bens de consumo e a gestão urbana [28].

A adoção de dispositivos IoT está a expandir-se rapidamente, prevendo-se que esta tendência se mantenha. Até 2020, prevê-se que 30 mil milhões de dispositivos conectados gerem 700 mil milhões de euros em valor económico. A influência da IdC está destinada a permear todas as facetas das nossas vidas, incluindo os ambientes profissionais e pessoais. Idealmente, os dispositivos e serviços devem comunicar sem descontinuidades através das redes em qualquer altura, melhorando a qualidade da vida humana através da IdC [29].

No entanto, a implantação generalizada destes dispositivos suscita preocupações significativas no que respeita à privacidade e à segurança. Muitos dispositivos e aplicações IoT são vulneráveis a ciberataques, comprometendo a privacidade e a segurança dos consumidores. Estudos recentes indicam que mais de 70% dos dispositivos ligados à Internet podem ser facilmente desviados por piratas informáticos [30].

Este facto sublinha a necessidade crítica de uma estratégia abrangente e eficaz para impedir o acesso não autorizado e a exploração de dispositivos IoT. O desenvolvimento de modelos de sistemas é uma abordagem para enfrentar estes desafios de segurança. Envolve estudos sistemáticos em vários domínios para compreender e atenuar os riscos associados à IoT. A computação em nevoeiro, uma tecnologia emergente relacionada com a IoT, oferece uma estrutura de computação descentralizada que complementa a computação em nuvem. A investigação sobre a computação em nevoeiro explora o seu potencial para melhorar as capacidades dos sistemas IoT e aborda questões relacionadas com o processamento de dados e a gestão de redes. Recomenda-se a continuação da investigação para aprofundar e aperfeiçoar estas tecnologias [31].

Um sistema "distribuído" caracteriza-se por ter os seus componentes espalhados por vários computadores ligados através de uma rede. Esta configuração permite que cada computador funcione de forma independente, enviando e recebendo mensagens mesmo quando ligado a redes diferentes. O domínio da ciência da computação distribuída centra-se nestes sistemas descentralizados, que são muitas vezes referidos indistintamente como "computação distribuída" devido aos seus contextos semelhantes [31].

Num sistema distribuído, os vários componentes devem trabalhar em coordenação e cooperação para atingir os seus objectivos. Para tal, é necessário assegurar que todos os componentes estão operacionais, manter uma hora exacta sem depender de um relógio central e tratar eficazmente as falhas dos componentes individuais. A sincronização de todos os componentes do sistema constitui um dos principais desafios [32]. Assegurar que todas as partes do sistema estão sincronizadas, manter a hora exacta e resolver outras questões são cruciais para manter a integridade do sistema.

O impacto de uma falha num único sistema pode ser significativo, afectando potencialmente toda a rede distribuída. Os sistemas distribuídos assumem várias formas, incluindo aplicações peer-to-peer, jogos em linha em grande escala e sistemas arquitectónicos orientados para os serviços. Cada uma destas aplicações assenta em princípios de computação distribuída para funcionar eficazmente.

Um "programa distribuído" refere-se a software concebido para funcionar num ambiente de rede, e o seu desenvolvimento é conhecido como criação de programas distribuídos. Os programas distribuídos são parte integrante da comunicação em rede e podem utilizar vários métodos de envio de mensagens, tais como filas de mensagens, ligações do tipo RPC e sockets. O HTTP é um exemplo de um sistema que utiliza estes métodos de comunicação [33].

A computação distribuída envolve a divisão de um problema computacional em subproblemas mais pequenos e a atribuição de cada subproblema a um computador ou grupo de computadores diferentes para resolver. Esta abordagem continua até que todo o problema esteja resolvido. Ao utilizar vários computadores para resolver vários aspectos de um problema, a computação distribuída aumenta a eficiência computacional e a capacidade de resolução de problemas [34].

Os dispositivos num sistema distribuído podem comunicar, partilhar texto e interagir uns com os outros, permitindo uma troca de dados eficiente e a resolução colaborativa de problemas. Esta interligação permite que cada dispositivo contribua com dados únicos ou poder de processamento, melhorando coletivamente as capacidades do sistema. Quer se trate de lidar com grandes conjuntos de dados, de gerir actualizações em tempo real ou de coordenar tarefas complexas, os sistemas distribuídos dependem desta comunicação para um funcionamento sem problemas. Ao descentralizar recursos e responsabilidades em vários dispositivos, estes sistemas oferecem flexibilidade, tolerância a falhas e escalabilidade, tornando-os essenciais em várias aplicações, incluindo computação em nuvem, serviços Web e ambientes de realidade virtual. A interação sem descontinuidades é fundamental para a sua eficiência global. [35].

Os termos "sistema distribuído", "programação distribuída" e "algoritmo distribuído" foram outrora utilizados indistintamente para descrever redes de computadores com máquinas espalhadas por áreas extensas. No entanto, estes termos evoluíram para representar conceitos diferentes dentro do mesmo sistema, reflectindo as suas implicações mais amplas. Cada um destes termos indica agora aplicações ou sistemas separados que funcionam coletivamente enquanto comunicam entre si. Apesar das diferentes definições e da falta de um acordo universal sobre o que constitui um sistema distribuído, são geralmente reconhecidas várias caraterísticas fundamentais:

1. nós autónomos: Num sistema de computação distribuída, cada nó funciona de forma independente com a sua própria RAM e CPU [36]. Estes nós interagem através do envio e receção de mensagens, o que lhes permite trabalhar em conjunto para resolver um problema generalizado. Embora os utilizadores possam considerar o sistema como uma entidade única, a realidade subjacente é que cada nó contribui para a resolução do problema de forma colaborativa.

2) Coordenação de recursos: Os sistemas distribuídos envolvem frequentemente arquitecturas com vários nós, que podem incluir a coordenação do consumo de recursos ou a prestação de serviços de comunicação. Estes sistemas podem ser adaptados para satisfazer as necessidades específicas do computador de cada utilizador. Outros dispositivos podem não satisfazer estas condições, o que torna a adaptabilidade do sistema uma caraterística importante [37].

3) Tolerância a falhas: Para garantir a funcionalidade adequada, um sistema distribuído deve ser capaz de tolerar falhas de hardware. A arquitetura do sistema - incluindo a topologia da rede, a latência e o número de computadores - pode não ser planeada e ser flexível. Os programas distribuídos podem necessitar de várias máquinas e ligações de rede, e a conceção do sistema pode mudar com o tempo. A visão limitada que cada computador tem da rede pode afetar a sua eficácia, mas o sistema foi concebido para gerir informações incompletas e manter a funcionalidade [37, 38].

4. Nós agrupados: Os sistemas distribuídos são redes de computadores que colaboram para atingir um objetivo comum. Estes sistemas envolvem normalmente agregados de computadores interligados, cada um funcionando como um nó dentro da rede. Conceitos relacionados, como computação simultânea, computação paralela e computação distribuída, sobrepõem-se frequentemente e são por vezes utilizados indistintamente. A computação simultânea refere-se a vários processos executados ao mesmo tempo num único sistema, enquanto a computação paralela envolve vários processadores que executam tarefas em simultâneo. A computação distribuída, no entanto, centra-se em computadores separados que trabalham em conjunto em diferentes locais para atingir um objetivo unificado. A distinção entre estes termos depende da arquitetura do sistema e da forma como as tarefas são geridas [39].

5. Computação em nuvem: A computação em nuvem refere-se à utilização de armazenamento partilhado de computadores em rede e à capacidade de processamento acedida através da Internet, em vez de depender do armazenamento local no dispositivo de cada utilizador. Este modelo, também conhecido como "computação em nuvem", envolve a execução de tarefas em vários "centros de dados" para aumentar a eficiência. A colaboração e a partilha de recursos são fundamentais para este paradigma, que utiliza frequentemente um modelo de preços "pay as you go". Embora esta abordagem possa proporcionar poupanças de custos a curto prazo, pode conduzir a despesas correntes significativas se o serviço não for cancelado antes do termo do contrato [40].

Estes conceitos em evolução reflectem a complexidade e as capacidades crescentes dos sistemas distribuídos, realçando a sua adaptabilidade e as abordagens inovadoras que impulsionam o seu desenvolvimento e implantação.

Os defensores da computação em nuvem pública e híbrida afirmam que estes serviços permitem às organizações reduzir significativamente os custos e aumentar os lucros, reduzindo ou eliminando a necessidade de grandes investimentos em infra-estruturas de TI. Os defensores da computação em nuvem argumentam que esta simplifica os processos empresariais ao permitir que os utilizadores acedam a uma série de tecnologias sem terem de dominar cada uma delas individualmente. Pioneira em empresas como a AWS e a Microsoft Azure, a computação em nuvem elimina os constrangimentos tecnológicos, permitindo que os clientes se concentrem no crescimento da empresa, minimizando os custos operacionais [41].

A pedra angular da computação em nuvem é a virtualização, uma tecnologia essencial para a sua funcionalidade. A virtualização permite que o hardware físico do computador seja dividido em vários componentes "virtuais", um processo que se tornou possível graças aos recentes avanços na tecnologia. Ao virtualizar o sistema operativo, as organizações podem utilizar melhor os recursos subutilizados [42]. A Microsoft desempenhou um papel importante no desenvolvimento desta tecnologia. A virtualização permite a criação de sistemas escaláveis a partir de vários computadores, oferecendo flexibilidade nas operações de TI e uma melhor utilização das infra-estruturas, o que ajuda a poupar dinheiro. Reduz também a perda de dados e aumenta a eficiência dos processos informáticos através da automatização. A automatização simplifica a afetação de recursos, reduzindo a necessidade de intervenção manual e minimizando o risco de erro humano [43].

A computação em nuvem também utiliza técnicas de computação utilitária para medir os seus serviços, com base em modelos anteriores de computação em grelha. Esta evolução aborda questões relacionadas com a qualidade do serviço e a fiabilidade que eram predominantes na computação em grelha. Ambas as tecnologias partilham semelhanças com a computação em nuvem, como a arquitetura cliente-servidor utilizada em programas distribuídos, que separa os fornecedores de serviços (servidores) dos requisitantes de serviços (clientes) [44].

Um "gabinete informático", que oferecia vários serviços relacionados com as TI aos clientes, foi um precursor dos modernos serviços de computação em nuvem. Este modelo foi popular entre as décadas de 1960 e 1980. A computação em grelha, outro precursor, é uma forma de computação distribuída e paralela que combina recursos de vários computadores ligados por uma rede, ainda que de forma pouco estruturada, para criar um "supercomputador" potente para lidar com tarefas complexas [45].

O advento da Internet das Coisas (IoT) trouxe mudanças significativas às rotinas diárias. Embora a IoT ofereça muitos benefícios, também introduz sérios riscos à privacidade e à segurança. As violações de segurança podem expor dados sensíveis ou interromper serviços críticos. A IdC engloba vários protocolos de software, hardware e comunicação que colocam desafios à segurança, nomeadamente devido à grande quantidade de informações pessoais trocadas por numerosos dispositivos e plataformas [46, 47].

Um forte sistema de segurança de dados é crucial para mitigar os riscos nos serviços IoT, dadas as complexas topologias de rede em que assentam. Esta complexidade aumenta as preocupações com a segurança e a privacidade da rede. O nível de comunicação e de troca de dados entre dispositivos ligados depende da configuração específica da IdC. À medida que a tecnologia avança, a manutenção de elevados padrões de segurança torna-se cada vez mais importante. Por exemplo, os dispositivos de uma rede doméstica, como os sensores, devem estabelecer ligações seguras com equipamentos externos. Isto garante a proteção do ambiente doméstico, impede o acesso não autorizado a dados e salvaguarda a privacidade do utilizador. Garantir a segurança continua a ser uma prioridade à medida que as redes IoT se expandem [48, 49].

O "armazenamento em nuvem" representa um modelo de armazenamento de dados distribuído por vários centros de dados em todo o mundo. Neste paradigma, os dados são armazenados em vários servidores localizados em diferentes centros, geridos por fornecedores de serviços em nuvem. Estes fornecedores são responsáveis por garantir a acessibilidade dos dados, a segurança das instalações, a manutenção e a eficiência operacional [50]. Têm também de monitorizar e gerir quaisquer alterações aos dados. Em vez de investirem na sua própria infraestrutura de armazenamento, muitas empresas e particulares optam por alugar ou comprar espaço de armazenamento a fornecedores terceiros. Esta abordagem é frequentemente mais económica do que construir e manter instalações de armazenamento pessoais. Os clientes podem ligar-se a fornecedores de armazenamento em nuvem através de APIs, serviços de computação em nuvem localizados e APIs de serviços Web. Também estão disponíveis opções de computação em nuvem local, como o armazenamento em nuvem no ambiente de trabalho, gateways para o armazenamento em nuvem e sistemas de gestão de conteúdos (CMS) baseados na Web [51, 52].

O armazenamento em nuvem oferece uma proteção robusta contra a perda de dados devido a catástrofes naturais e intrusões maliciosas. Isto é conseguido através de uma rede de servidores de cópia de segurança globais, permitindo aos utilizadores fazer cópias de segurança dos seus dados de forma rápida e fiável a partir de qualquer local. O WebDAV (Web-based Distributed Authoring and Versioning) facilita o acesso ao armazenamento em linha como se fosse um disco local, tornando-o conveniente para os utilizadores [66]. As empresas com vários locais podem aproveitar o armazenamento em nuvem como um servidor de arquivos central, simplificando a transferência de dados e melhorando a eficiência operacional. Essa centralização pode levar a economias de tempo e de custos, melhorando o desempenho geral da empresa. No entanto, a proteção dos dados armazenados na nuvem apresenta desafios que exigem mais investigação. O armazenamento externo de dados sensíveis aumenta a vulnerabilidade à pirataria informática, comprometendo potencialmente as informações sensíveis [53, 54].

Além disso, a distribuição de dados em vários locais introduz riscos associados à segurança física. A necessidade de replicação e transmissão constante de dados em arquitecturas de nuvem levanta preocupações sobre a recuperação não autorizada de dados. A natureza não modificável do armazenamento de dados na nuvem coloca outro problema, particularmente quando os discos rígidos são reciclados, os computadores são reutilizados ou o espaço de armazenamento é reatribuído. A estratégia de replicação de um provedor de serviços em nuvem pode afetar a segurança da replicação de dados, especialmente ao atualizar para um nível de replicação mais alto [55].

A encriptação é uma ferramenta essencial para proteger dados sensíveis, mantendo o anonimato do utilizador. Oferece várias vantagens, incluindo uma maior proteção dos dados. A criptografia, um método de eliminação segura de dados, é uma dessas técnicas. A cripto-retratação envolve algoritmos criptográficos para garantir que as informações sensíveis sejam irremediavelmente destruídas, nomeadamente em sistemas de armazenamento baseados em discos [56, 57].

O risco de utilização indevida ou roubo de dados sensíveis aumenta com o número de pessoas que têm acesso aos mesmos. À medida que mais pessoas obtêm acesso, o potencial de manuseio incorreto ou uso não autorizado das informações aumenta. As empresas de armazenamento na nuvem, com a sua vasta equipa técnica, têm um acesso físico e tecnológico significativo aos dados armazenados nas suas instalações. Esta abordagem de acesso híbrido é facilitada pela autenticação multifactor, que exige uma palavra-passe e uma verificação adicional para aceder aos dados. Apesar disso, o número de administradores, engenheiros de rede e técnicos que tratam os dados de uma única organização continua a ser relativamente elevado em comparação com o número de pessoas dentro da organização que têm acesso direto aos dados [58].

Para mitigar estes riscos, os utilizadores devem manter o controlo sobre as chaves de desencriptação e não o fornecedor de serviços. Quando os utilizadores detêm as chaves de desencriptação, há uma exposição reduzida dos dados ao pessoal do fornecedor de serviços. Antes de partilhar conjuntos de dados encriptados armazenados na nuvem, os utilizadores devem fornecer várias chaves de desencriptação através de canais encriptados, garantindo a partilha segura de dados e a colaboração [59]. Para proteger essas chaves, os clientes devem implementar medidas de segurança robustas nos seus dispositivos. Embora a manutenção da segurança das chaves possa implicar custos adicionais, é essencial e não deve ser descurada. Uma gestão eficaz das chaves pode responder a este desafio e melhorar a proteção dos dados. Além disso, são necessárias redes de longa distância (WAN) fiáveis para ligar e proteger as transmissões de dados na nuvem [60, 61].

O risco de acesso não autorizado aumenta quando vários utilizadores partilham recursos de rede e de armazenamento de dados. Este ambiente partilhado cria oportunidades para que terceiros tenham acesso aos dados do cliente, intencionalmente ou não. Estas violações podem ocorrer devido a acções maliciosas, falhas tecnológicas ou erros humanos por parte de quem gere ou utiliza o sistema. São necessárias salvaguardas adequadas para mitigar estes riscos e proteger informações sensíveis de utilizadores não autorizados em infra-estruturas de rede partilhadas. A manutenção de protocolos de segurança robustos é essencial para evitar violações de dados e garantir a privacidade e a integridade das informações armazenadas [62, 63].

O risco é inerente a todos os sistemas de armazenamento de dados, incluindo os baseados na nuvem, e embora não possa ser totalmente eliminado, pode ser significativamente minimizado. A criptografia desempenha um papel crucial na redução desses riscos. Ao encriptar os dados antes da transmissão, as organizações tornam muito mais difícil para as partes não autorizadas decifrarem e acederem a informações sensíveis. Esta camada adicional de segurança é particularmente importante quando os dados são transferidos de dispositivos móveis para fornecedores de armazenamento na nuvem, uma vez que garante que, mesmo que os dados sejam interceptados, permanecem protegidos. Além disso, os fornecedores de armazenamento na nuvem também utilizam encriptação para dados "em repouso", o que significa que os dados armazenados nos seus servidores são encriptados para impedir o acesso não autorizado. Esta abordagem de encriptação de camada dupla - encriptação durante a transmissão e encriptação em repouso - aumenta a segurança dos dados ao salvaguardar as informações enquanto estão a ser transferidas e enquanto estão armazenadas. A implementação de práticas de encriptação robustas ajuda a minimizar o risco de violações de dados e de acesso não autorizado, protegendo assim as informações sensíveis e mantendo a integridade dos sistemas de armazenamento de dados. [64].

A utilização de encriptação no local e baseada na nuvem garante uma segurança de dados robusta. Esta abordagem de camada dupla maximiza a proteção ao encriptar os dados durante a transmissão e enquanto estão armazenados. A encriptação no local protege os dados antes de deixarem o ambiente local, enquanto a encriptação baseada na nuvem os protege quando chegam ao fornecedor de serviços. Esta estratégia abrangente reduz os riscos associados ao acesso não autorizado, garantindo que as informações confidenciais permanecem protegidas durante todo o seu ciclo de vida. Combinando estes métodos, os utilizadores podem alcançar um nível mais elevado de segurança dos dados e reduzir a probabilidade de violações ou perda de dados [65, 66].

3. REVISÃO DA LITERATURA

Tem sido efectuada uma vasta investigação para examinar as potenciais vantagens e desvantagens da realidade virtual (RV). Esta tecnologia facilita a interação do utilizador com ambientes, sejam eles reais ou simulados. Os sistemas de RV permitem aos utilizadores interagir com o ambiente que os rodeia, quer se trate de representações exactas do mundo real ou de construções inteiramente virtuais. Esta interação ocorre tanto em ambientes virtuais como no mundo físico, proporcionando uma forma única de explorar cenários futuros e revisitar experiências passadas em simultâneo. A RV serve como uma ferramenta poderosa para criar e personalizar experiências, permitindo aos utilizadores criar as suas próprias realidades. Esta versatilidade estende-se a uma variedade de aplicações, desde o desenvolvimento de jogos de vídeo e a exploração de ambientes extraterrestres até à conceção de casas de sonho e à obtenção de conhecimentos sobre situações difíceis. Essencialmente, a RV oferece um método para os utilizadores construírem e interagirem com os seus próprios mundos virtuais. A tecnologia baseia-se em técnicas de simulação avançadas para gerar imagens, sons e sensações realistas, reproduzindo eficazmente um ambiente e a presença do utilizador no mesmo. Esta capacidade realça o potencial da RV para proporcionar experiências imersivas e personalizadas, tornando-a uma ferramenta valiosa para uma vasta gama de aplicações e experiências [1, 67].

Na sua concetualização da realidade virtual, os autores integraram tecnologias informáticas que utilizam software para gerar imagens, sons e experiências sensoriais realistas. Estas tecnologias foram concebidas para reproduzir o ambiente e a presença do utilizador no mesmo, sendo coletivamente designadas por "tecnologias de simulação". A realidade virtual (RV) envolve as inovações tecnológicas que permitem estas experiências imersivas. Ao simular ambientes e interações com um elevado grau de realismo, a RV permite aos utilizadores interagir com espaços digitais como se estivessem fisicamente presentes. Isto inclui efeitos visuais e auditivos sofisticados que aumentam a sensação de imersão, tornando a RV uma ferramenta poderosa para a criação de experiências realistas e interactivas. [68].

A investigação introduz um método que permite a um operador experiente controlar remotamente um robô num local diferente utilizando um auricular de realidade virtual. Esta abordagem inovadora permite ao operador gerir o robô a partir de um local remoto com elevada precisão. Durante o estudo, este conceito foi desenvolvido, mostrando como o operador pode interagir com o robô, como o Valkyrie, utilizando uma combinação de dois dispositivos específicos: o auricular HTC Vive e as luvas Manus VR. O HTC Vive é um auricular de RV equipado com rastreio de cabeça integrado, que facilita a navegação do utilizador através de uma representação digital do mundo real. Esta configuração permite um controlo imersivo e a interação com o robô, sentado confortavelmente. As luvas Manus VR, que podem ser adquiridas separadamente, complementam o HTC Vive, fornecendo feedback tátil e controlo manual. Em conjunto, estas ferramentas permitem a operação remota eficaz de sistemas robóticos, aumentando a versatilidade e a eficiência das interações robóticas [67,69].

Este artigo tem como objetivo apresentar uma panorâmica do estado atual dos sistemas de realidade aumentada (RA), realidade virtual (RV) e realidade mista (RM), centrando-se nas suas potenciais aplicações no domínio do património cultural. Destaca as várias formas como estas tecnologias podem ser utilizadas para melhorar e preservar os bens culturais. Os investigadores avaliam quais as abordagens técnicas mais adequadas para diferentes aplicações que envolvem recursos culturais digitais, a fim de determinar os métodos mais eficazes. O artigo sublinha a importância de estudar estas tecnologias tendo em mente a preservação cultural. A RA, a RV e a RM oferecem capacidades únicas para tarefas e objectivos no âmbito do património cultural, incluindo a educação, a exposição, a exploração e a recriação de locais históricos. Por exemplo, as visitas de estudo virtuais a museus e o acesso digital a registos históricos são agora possíveis graças aos recentes avanços tecnológicos. Este progresso abre novas possibilidades de acesso a recursos culturais, especialmente em locais onde o acesso físico é limitado. Estas inovações são cruciais para preservar e partilhar o património cultural de formas anteriormente inatingíveis devido a restrições geográficas [70].

Este artigo investiga a realidade virtual (RV), examinando a sua história, os avanços tecnológicos e os efeitos psicológicos, com o objetivo de oferecer uma visão mais profunda do comportamento e da interação humana. Apresenta uma panorâmica completa da evolução da RV, destacando a forma como esta transformou o modo como os indivíduos experimentam e interagem com os ambientes digitais. A discussão abrange os primeiros desenvolvimentos da RV, a sua crescente influência em várias indústrias e os impactos psicológicos das experiências imersivas nos utilizadores. À medida que a tecnologia de RV progrediu, não só melhorou o entretenimento e a educação, como também expandiu as suas aplicações em domínios como a medicina, o jornalismo e o tratamento da saúde mental. Estes avanços levaram a novas formas de compreender e interagir com o mundo virtual, permitindo experiências mais personalizadas e interactivas. O artigo conclui com uma análise prospetiva, reflectindo sobre o potencial futuro da RV à luz das crescentes tensões entre a investigação académica e os interesses comerciais. Salienta os desafios que a RV enfrenta à medida que se torna mais integrada em diferentes sectores da sociedade, tais como preocupações éticas, questões de privacidade e a necessidade de investigação contínua para equilibrar a rentabilidade comercial com o rigor académico. Os potenciais desenvolvimentos da RV são muito promissores, mas o artigo salienta que será fundamental uma análise cuidadosa das suas implicações à medida que a RV se integra cada vez mais na vida quotidiana. [70].

O estudo revela que o rápido avanço da tecnologia imersiva nos últimos anos criou novas oportunidades de educação, comunicação e entretenimento em espaços culturais públicos, como museus e teatros. A realidade mista (RM) e a realidade virtual (RV) são particularmente importantes na apresentação de actividades culturais históricas e diversas, uma vez que permitem a criação de novas experiências e interpretações. Estas tecnologias melhoram a forma como nos relacionamos com o património cultural, proporcionando ambientes imersivos e interactivos, permitindo aos visitantes experimentar e compreender o passado de formas inovadoras [71].

Neste artigo, exploramos o potencial da realidade virtual (RV) e da realidade aumentada (RA) em contextos educativos, centrando-nos nos seus fundamentos teóricos e nas implicações para futuros quadros educativos. A nossa investigação é enquadrada pela lente da aprendizagem colaborativa apoiada por computador (CSCL), que ajuda a compreender como a RV e a RA podem ser integradas em espaços de aprendizagem social.

Os investigadores examinam várias teorias de aprendizagem que são relevantes para este contexto, incluindo o construtivismo, a teoria social cognitiva, o conectivismo e a teoria da atividade. Estas teorias oferecem conhecimentos valiosos sobre a forma como os indivíduos aprendem e interagem em ambientes digitais e proporcionam uma base teórica para o desenvolvimento de estruturas educativas que tiram partido das tecnologias de RV e RA. À medida que estas tecnologias se tornam cada vez mais prevalecentes, é crucial estabelecer uma base teórica sólida para conceber experiências educativas eficazes que utilizem a RV e a RA. O construtivismo realça o papel dos alunos na construção da sua própria compreensão e conhecimento através de experiências e interações. A teoria social cognitiva realça a importância das interações sociais e da aprendizagem por observação. O conectivismo centra-se no papel das redes e das ligações digitais na aprendizagem, enquanto a teoria da atividade examina o contexto das actividades e ferramentas de aprendizagem. Estes quadros oferecem, coletivamente, uma abordagem abrangente para a integração da RV e da RA em contextos educativos [72].

Para além das suas aplicações educativas, a RA tem potencial para ter um impacto significativo em vários sectores de atividade, como o marketing e a gestão. Uma área de interesse é a adoção de substitutos holográficos para objectos físicos utilizando a tecnologia de RA. Investigamos a recetividade dos consumidores a estes substitutos virtuais e o seu desempenho em comparação com os objectos físicos. Enquanto algumas categorias de produtos, como os manuais e a tecnologia de navegação, apresentam taxas de adoção elevadas, outras apresentam uma adoção muito inferior. O artigo pretende contribuir para o desenvolvimento de quadros educativos inovadores que incorporem a RV e a RA, tirando partido das teorias de aprendizagem estabelecidas para aumentar a eficácia e o envolvimento destas tecnologias em ambientes educativos [1].

4. METODOLOGIA

4.1 Controlos de Realidade Virtual (RV)

Nesta fase, o operador pode interagir com o robô através de vários métodos. Por exemplo, o utilizador pode "agarrar" uma das mãos da Valquíria no ambiente virtual premindo um botão nas varinhas Vive ou fechando o punho enquanto usa as luvas Manus. Esta ação permite ao utilizador posicionar as suas mãos de forma adequada no espaço virtual. Uma vez feito isto, o robô começa a traçar o seu caminho para vários locais, e o operador pode observar o processo em tempo real. Os utilizadores podem escolher entre monitorizar as acções do robô em tempo real ou emitir uma série de comandos de uma só vez. Os auscultadores Vive e as luvas Manus facilitam uma perspetiva egocêntrica dos movimentos do robô, melhorando o controlo e a consciência espacial. O operador pode utilizar o joystick ou as luvas para guiar o robô de forma eficaz. Além disso, os auscultadores Vive permitem aos utilizadores controlar o olhar do robô olhando na direção desejada. Em alternativa, os utilizadores podem ajustar fisicamente a cabeça do robô, agarrando-a e movendo-a para a orientação pretendida. Esta combinação de ferramentas e técnicas proporciona um controlo abrangente sobre o robô, permitindo gerir as suas acções e perspetiva com precisão [69]. A figura 3 mostra um utilizador a controlar a mão da Valkyrie utilizando as luvas Manus VR, manipulando a mão do robô com as suas próprias mãos.

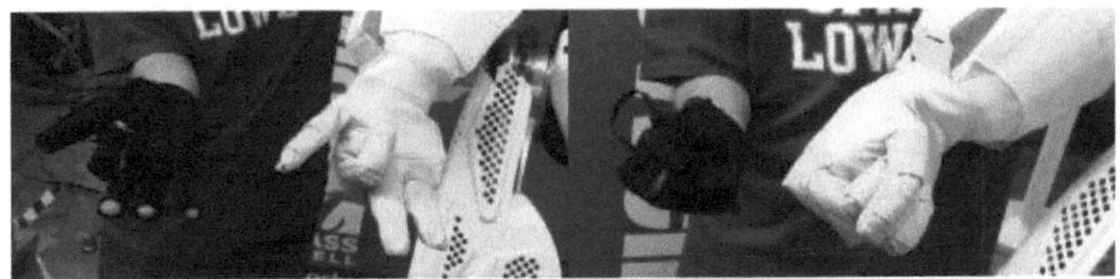

Figura (3): Mostra a utilização da luva Manus VR para controlar a mão da Valquíria

4.2 Informações sobre o estado do robô

A informação mais importante disponível para o operador é o estado atual do robô. Para visualizar estes dados com precisão, pode ser necessário ajustar o modelo do robô utilizado na simulação. A modificação do modelo permite a visualização de dados da maioria dos robôs capazes de seguir os seus próprios movimentos articulares, assegurando que a informação recolhida é corretamente representada e utilizada. (como ilustrado na Figura 1). O operador tem acesso tanto aos dados detalhados dos sensores como a uma representação visual clara da posição do robô à medida que este se desloca no seu ambiente. Este duplo acesso permite um acompanhamento preciso dos movimentos e do estado do robô em tempo real. Os dados dos sensores fornecem informações cruciais sobre as funções internas do robô e as interações ambientais, o que é essencial para um controlo e uma tomada de decisões eficazes. Além disso, a alimentação visual oferece uma visão direta do ambiente em que o robô se encontra, permitindo ao operador monitorizar e responder às mudanças dinâmicas à medida que estas ocorrem. Nas próximas secções, iremos aprofundar as especificidades dos dados do sensor, explorando a forma como são recolhidos, processados e utilizados para melhorar a compreensão do desempenho do robô por parte do operador. Além disso, examinaremos a forma como a representação visual se integra com estes dados para criar uma imagem operacional abrangente. Esta combinação de dados dos sensores e de feedback visual é fundamental para garantir um controlo preciso e uma gestão eficaz das tarefas e da navegação do robô [70]. A Figura 4 mostra uma série de perspectivas de câmaras capturadas a partir de várias câmaras montadas no exterior do robô. Estas imagens em direto são apresentadas simultaneamente em ambos os ecrãs.

Figura (4): Visualização de vários pontos de vista da câmara

Existem alguns exemplos sobre: Auscultadores, óculos e dispositivos. Para Realidade Virtual que inclui (HTC Vive, Samsung Gear, Google Cardboard, Sony PS4, Google Glass, Microsoft HoloLens).

4.3 Comunicações e Realidade Virtual

A realidade virtual (RV) é um meio de comunicação concebido para criar experiências imersivas que reproduzem sensações e ambientes do mundo real. Desde o seu desenvolvimento na década de 1960, a RV tem sido utilizada em diversos domínios, como a formação militar, simulações médicas e aplicações educativas. Inicialmente, o seu foco principal era a formação e a simulação, permitindo aos utilizadores praticar e aprender em ambientes virtuais controlados.

À medida que a tecnologia avançou e as redes sociais se tornaram mais prevalecentes, as aplicações da RV alargaram-se significativamente. Atualmente, a RV é uma ferramenta poderosa para explorar dinâmicas sociais e psicológicas em ambientes académicos, oferecendo novos métodos de interação e envolvimento. No jornalismo, a RV permite que os leitores vivam as histórias de uma forma mais imersiva e impactante, permitindo-lhes sentir que fazem parte da narrativa. Este facto pode aprofundar a ligação entre o público e o conteúdo, tornando as notícias mais envolventes e emocionalmente ressonantes.

No domínio da educação, a RV proporciona oportunidades de aprendizagem interactiva e experimental que aumentam a participação e a compreensão dos alunos. As visitas de estudo virtuais permitem que os alunos explorem locais distantes ou históricos como se estivessem fisicamente presentes, enquanto as simulações interactivas oferecem prática prática num ambiente virtual. Estas experiências podem melhorar a compreensão e a retenção, proporcionando um ambiente de aprendizagem mais cativante e memorável.

No domínio da psiquiatria, a RV é utilizada para resolver vários problemas de saúde mental através de tratamentos inovadores. Por exemplo, a RV pode facilitar a terapia de exposição, criando ambientes controlados onde os doentes podem confrontar e gerir os seus medos. Esta abordagem permite a exposição gradual a estímulos indutores de ansiedade de uma forma segura e controlável, ajudando os doentes a ultrapassar os seus medos sem riscos reais.

De um modo geral, a versatilidade e a adaptabilidade da RV fazem dela uma ferramenta inestimável em vários domínios, melhorando as experiências de aprendizagem, a narração de histórias e o tratamento da saúde mental. A sua capacidade de criar experiências imersivas e interactivas continua a impulsionar a sua evolução e a expandir as suas aplicações, provando a sua importância tanto em contextos pessoais como profissionais. [71].

4.4 Realidade mista (RM) e realidade virtual (RV)

A adoção generalizada de tecnologias avançadas abriu novas oportunidades para as instituições culturais em matéria de educação, ligação em rede e entretenimento. A realidade virtual (RV) e a realidade mista (RM) estão na vanguarda destas inovações, oferecendo formas únicas de apresentar e experimentar conteúdos culturais. medida que as actividades culturais continuam a evoluir, a RV e a RM poderão tornar-se essenciais para proporcionar novas experiências e interpretações. Estas tecnologias combinam elementos físicos e digitais, permitindo interações imersivas que não são possíveis com os métodos tradicionais.

A realidade mista (RM) combina elementos do mundo real com elementos virtuais, criando um ambiente dinâmico em que os componentes físicos e digitais interagem perfeitamente em tempo real. Esta fusão permite uma experiência enriquecida em que os utilizadores podem interagir simultaneamente com objectos tangíveis e virtuais. Por exemplo, a RM pode melhorar as experiências educativas integrando conteúdos digitais interactivos em ambientes físicos de aprendizagem ou em museus, tornando a exploração de artefactos culturais mais interessante e informativa.

Em resumo, a RV e a RM têm um potencial significativo para revolucionar a forma como as instituições culturais apresentam as suas ofertas. Ao fundir os mundos real e virtual, estas tecnologias permitem a criação de novas realidades que oferecem experiências mais ricas e imersivas. medida que a RM e a RV continuam a desenvolver-se, é provável que venham a desempenhar um papel cada vez mais importante na definição do futuro do envolvimento e da interpretação cultural [71].

4.5 Realidade Aumentada (AR) VS Realidade Mista (MR)

A realidade aumentada (RA) e a realidade mista (RM) oferecem ambas experiências imersivas, mas funcionam de formas distintas, cada uma delas melhorando a interação do utilizador com o seu ambiente. A realidade aumentada melhora o mundo real ao sobrepor informações digitais e caraterísticas interactivas ao ambiente físico. Por exemplo, as aplicações de RA podem apresentar direcções de navegação, objectos virtuais ou informações contextuais no ecrã de um smartphone ou através de óculos de RA, permitindo aos utilizadores aceder a dados adicionais sem alterar a sua interação com o mundo real. Esta tecnologia enriquece o ambiente real com camadas digitais, proporcionando aos utilizadores uma mistura de conteúdos do mundo real e digitais.

Em contrapartida, a realidade mista integra objectos reais e virtuais num espaço partilhado, criando um ambiente mais coeso e interativo. A tecnologia de RM combina elementos de realidade aumentada e virtual, permitindo que objectos digitais e físicos coexistam e interajam sem problemas. Esta interação é facilitada por sensores avançados, computação espacial e ecrãs imersivos, que permitem aos utilizadores experimentar uma realidade mais integrada em que os objectos virtuais podem influenciar ou responder a elementos físicos e vice-versa. Por exemplo, a RM pode permitir aos utilizadores interagir com objectos virtuais que parecem ocupar um espaço real, como manipular uma escultura digital numa sala física ou colaborar com outros utilizando ferramentas virtuais que parecem interagir com objectos físicos.

A principal distinção entre a RA e a RM reside no seu nível de integração e interação. Enquanto a RA sobrepõe conteúdos digitais ao mundo real, a RM cria um ambiente em que os elementos reais e virtuais estão interligados, proporcionando uma experiência mais rica e envolvente. Isto permite interações mais dinâmicas e um envolvimento mais profundo com os aspectos digitais e físicos do ambiente, oferecendo novas possibilidades de aplicações em vários domínios, incluindo a educação, o entretenimento e a formação profissional [73] [74].

5. CONCLUSÃO

Esta secção apresenta uma panorâmica da realidade virtual (RV), que pode ser vista como um substituto imersivo do mundo real. A RV envolve a interação com simulações geradas por computador que replicam ou transformam o ambiente físico de uma pessoa. Essencialmente, a RV proporciona uma experiência totalmente imersiva em que os utilizadores interagem com uma réplica digital do ambiente que os rodeia, criando a sensação de estarem num lugar completamente diferente. A realidade aumentada (RA), por outro lado, é uma tecnologia que mistura elementos do mundo real com melhorias digitais. Ao contrário da RV, que cria um ambiente completamente virtual, a RA sobrepõe conteúdos digitais ao mundo real, melhorando a perceção do utilizador com informações adicionais ou funcionalidades interactivas. Um exemplo comum de RA é a utilização dos filtros do Snapchat, em que os utilizadores podem aplicar efeitos virtuais aos seus rostos em tempo real. Estes filtros criam uma experiência 3D ao combinarem imagens geradas por computador com vídeo em direto, permitindo uma forma de comunicação mais envolvente e imersiva em comparação com os métodos tradicionais 2D. Além disso, os debates nesta secção abordam vários aspectos da tecnologia de RV, incluindo o equipamento utilizado, como monitores e auscultadores. É realçada a distinção entre RA e RV, com destaque para a forma como cada tecnologia oferece diferentes tipos de experiências imersivas. A Figura 3 desta secção ilustra as diferenças entre RA e RV, realçando os atributos e aplicações únicos de cada tecnologia.

Referências

[1] P. A. Rauschnabel, "Augmented reality is eating the real-world! A substituição de produtos físicos por hologramas", *International Journal of Information Management,* vol. 57, p. 102279, 2021.

[2] K. B. Obaid, S. Zeebaree e O. M. Ahmed, "Modelos de aprendizagem profunda baseados na classificação de imagens: uma revisão", *International Journal of Science and Business,* vol. 4, n.º 11, pp. 75-81, 2020.

[3] K. Jacksi, N. Dimililer e S. R. Zeebaree, "A survey of exploratory search systems based on LOD resources", 2015.

[4] M. A. Omer, S. R. Zeebaree, M. A. Sadeeq, B. W. Salim, Z. N. Rashid e L. M. Haji, "Eficiência da deteção de malware no sistema android: A survey", *Asian Journal of Research in Computer Science,* vol. 7, no. 4, pp. 59-69, 2021.

[5] Z. S. Ageed *et al.,* "A state of art survey for intelligent energy monitoring systems," *Asian Journal of Research in Computer Science,* vol. 8, no. 1, pp. 46-61, 2021.

[6] S. Zeebaree, R. R. Zebari, K. Jacksi, e D. A. Hasan, "Security Approaches For Integrated Enterprise Systems Performance: A Review", *Int. J. Sci. Technol. Res,* vol. 8, no. 12, 2019.

[7] K. Jacksi, R. K. Ibrahim, S. R. Zeebaree, R. R. Zebari e M. A. Sadeeq, "Agrupamento de documentos com base na semelhança semântica utilizando os algoritmos HAC e K-mean", em *2020 Conferência Internacional sobre Ciência e Engenharia Avançadas (ICOASE),* 2020: IEEE, pp. 205-210.

[8] S. R. Zeebaree, A. B. Sallow, B. K. Hussan e S. M. Ali, "Conceção e simulação de quebra de código DES simplificada paralela/sequencial de alta velocidade baseada em FPGA", em *2019 Conferência Internacional sobre Ciência e Engenharia Avançadas (ICOASE),* 2019: IEEE, pp. 76-81.

[9] S. Zebari, "Uma nova abordagem para a monitorização de processos",

Jornal Politécnico, Ensino Técnico-Erbil, 2011.

[10] S. Chavhan, S. R. Zeebaree, A. Alkhayyat, e S. Kumar, "Design of Space Efficient Electric Vehicle Charging Infrastructure Integration Impact on Power Grid Network," *Mathematics,* vol. 10, no. 19, p. 3450, 2022.

[11] H. B. Abdalla, A. M. Ahmed, S. R. Zeebaree, A. Alkhayyat e B. Ihnaini, "Modelo incremental baseado em rede residual profunda para classificação de texto usando recursos multidimensionais e MapReduce", *PeerJ Computer Science,* vol. 8, p. e937, 2022.

[12] A. M. Abed *et al.,* "Trajectory tracking of differential drive mobile robots using fractional-order proportional-integral-derivative controller design tuned by an enhanced fruit fly optimization," *Measurement and Control,* vol. 55, no. 3-4, pp. 209-226, 2022.

[13] S. H. Ahmed e S. Zeebaree, "A survey on security and privacy challenges in smarthome based IoT", *International Journal of Contemporary Architecture,* vol. 8, n.º 2, pp. 489-510, 2021.

[14] Y. S. Jghef *et al.,* "Bio-Inspired Dynamic Trust and Congestion-Aware Zone-Based Secured Internet of Drone Things (SIoDT)," *Drones,* vol. 6, n.º 11, p. 337, 2022.

[15] A. S. Aljuboury *et al.,* "A New Nonlinear Controller Design for a TCP/AQM Network Based on Modified Active Disturbance Rejection Control", *Complexity,* vol. 2022, 2022.

[16] V. D. Majety *et al.,* "Ensemble of Handcrafted and Deep Learning Model for Histopathological Image Classification," *CMC-COMPUTERS MATERIALS & CONTINUA,* vol. 73, n.º 2, pp. 4393-4406, 2022.

[17] N. T. Muhammed, S. R. Zeebaree e Z. N. Rashid, "Computação em nuvem distribuída e computação em nuvem móvel: A Review," *QALAAI ZANIST JOURNAL,* vol. 7, no. 2, pp. 1183-1201, 2022.

[18] K. P. M. Kumar *et al.,* "Privacy Preserving Blockchain with Optimal Deep Learning Model for Smart Cities," *CMC-COMPUTERS MATERIALS & CONTINUA,* vol. 73, no. 3, pp. 5299-5314, 2022.

[19] R. K. Ibrahim *et al.,* "Clustering Document based on Semantic

Similarity Using Graph Base Spectral Algorithm," in *2022 5th International Conference on Engineering Technology and its Applications (IICETA)*, 2022: IEEE, pp. 254-259.

[20] D. M. Abdulqader e S. R. Zeebaree, "Impact of Distributed-Memory Parallel Processing Approach on Performance Enhancing of Multicomputer-Multicore Systems: A Review", *QALAAI ZANIST JOURNAL,* vol. 6, no. 4, pp. 1137-1140, 2021.

[21] Z. N. Rashid, S. R. Zeebaree, M. A. Sadeeq, R. R. Zebari, H. M. Shukur e A. Alkhayyat, "Sistema de computação paralela baseado em nuvem via single-client multi-hash single-server multi-thread", em *2021 Conferência Internacional sobre o avanço da engenharia sustentável e sua aplicação (ICASEA)*, 2021: IEEE, pp. 59-64.

[22] O. H. Jader *et al.*, "Ultra-Dense Request Impact on Cluster-Based Web Server Performance", em *2021 4th International Iraqi Conference on Engineering Technology and Their Applications (IICETA)*, 2021: IEEE, pp. 252-257.

[23] Z. N. Rashid, S. R. Zeebaree, R. R. Zebari, S. H. Ahmed, H. M. Shukur e A. Alkhayyat, "Sistema de computação distribuída e paralela utilizando um único cliente multi-hash multi-servidor multi-thread", em *2021, 1ª Conferência Internacional da Babilónia sobre Tecnologia e Ciência da Informação (BICITS)*, 2021: IEEE, pp. 222-227.

[24] Z. S. Hammed, S. Y. Ameen e S. R. Zeebaree, "Investigation of 5G Wireless Communication with Dust and Sand Storms", *Journal of Communications,* vol. 18, n.º 1, 2023.

[25] R. R. Zebari, S. R. Zeebaree, Z. N. Rashid, H. M. Shukur, A. Alkhayyat e M. A. Sadeeq, "A Review on Automation Artificial Neural Networks based on Evolutionary Algorithms", em *2021, 14.ª Conferência Internacional sobre Desenvolvimentos em Engenharia de Sistemas Electrónicos (DeSE)*, 2021: IEEE, pp. 235-240.

[26] S. I. Ahmed, S. Y. Ameen e S. R. Zeebaree, "Melhoria do desempenho do sistema de comunicação móvel 5G com cache: uma revisão", em *2021 Conferência Internacional de Tendências Modernas na Indústria de Tecnologia da Informação e Comunicação (MTICTI)*, 2021: IEEE,

pp. 1-8.

[27] A. E. Mehyadin, S. R. Zeebaree, M. A. Sadeeq, H. M. Shukur, A. Alkhayyat e K. H. Sharif, "State of Art Survey for Deep Learning Effects on Semantic Web Performance", em *2021 7th International Conference on Contemporary Information Technology and Mathematics (ICCITM)*, 2021: IEEE, pp. 93-99.

[28] M. A. Sadeeq e S. R. Zeebaree, "Conceção e análise de um sistema inteligente de gestão de energia baseado em multiagentes e iot distribuído: Dpu case study", em *2021 7th International Conference on Contemporary Information Technology and Mathematics (ICCITM)*, 2021: IEEE, pp. 48-53.

[29] I. M. Ibrahim, S. R. Zeebaree, H. M. Yasin, M. A. Sadeeq, H. M. Shukur e A. Alkhayyat, "Hybrid Client/Server Peer to Peer Multitier Video Streaming", em *2021 Conferência Internacional sobre Aplicações Informáticas Avançadas (ACA)*, 2021: IEEE, pp. 84-89.

[30] H. A. Hussein, S. R. Zeebaree, M. A. Sadeeq, H. M. Shukur, A. Alkhayyat e K. H. Sharif, "An investigation on neural spike sorting algorithms," in *2021 International Conference on Communication & Information Technology (ICICT)*, 2021: IEEE, pp. 202-207.

[31] N. A. Kako, "DDLS: Sistemas distribuídos de aprendizagem profunda: A Review", *Turkish Journal of Computer and Mathematics Education (TURCOMAT)*, vol. 12, n.º 10, pp. 7395-7407, 2021.

[32] S. Zeebaree, N. Cavus, e D. Zebari, "Redução de Circuitos Lógicos Digitais: A Binary Decision Diagram Based Approach," *LAP LAMBERT Academic Publishing,* 2016.

[33] Z. S. Ageed, S. R. Zeebaree e R. H. Saeed, "Influência da computação quântica na IoT utilizando algoritmos modernos", em *2022 4th International Conference on Advanced Science and Engineering (ICOASE)*, 2022: IEEE, pp. 194-199.

[34] M. J. M. Jasim, S. F. Kak, Z. S. Ageed e S. R. Zeebaree, "Previsão de interação fármaco-fármaco baseada na aprendizagem profunda e orientada para a hiena manchada no ambiente de Big Data".

[35] M. J. M. Jasim, B. K. Hussan, S. R. Zeebaree e Z. S. Ageed, "Deteção automatizada de pólipos do cólon e otimização do açor do norte com classificação com aprendizagem profunda".

[36] S. H. Ahmed, A. Al-Zebari, R. R. Zebari e S. R. Zeebaree, "Modelo de Previsão de Críticos de Tráfego Baseado em Aprendizagem Profunda Ajustada por Parâmetros em Imagens de Deteção Remota".

[37] B. S. Tahir, Z. S. Ageed, S. S. Hasan e S. R. Zeebaree, "Otimização de cavalo selvagem modificada com modelo de reconhecimento de atividade humana simétrica habilitado para aprendizado profundo".

[38] F. Abedi *et al.*, "Severity Based Light-Weight Encryption Model for Secure Medical Information System".

[39] D. M. Abdullah e S. R. Zeebaree, "Comprehensive survey of IoT based arduino applications in healthcare monitoring".

[40] A. A. Yazdeen, S. R. Zeebaree, M. M. Sadeeq, S. F. Kak, O. M. Ahmed e R. R. Zebari, "Implementações FPGA para encriptação e desencriptação de dados através de computação concorrente e paralela: A review," *Qubahan Academic Journal,* vol. 1, no. 2, pp. 8-16, 2021.

[41] A. A. Yazdeen e S. R. Zeebaree, "Comprehensive Survey for Designing and Implementing Web-based Tourist Resorts and Places Management Systems", *Academic Journal of Nawroz University,* vol. 11, no. 3, pp. 113-132, 2022.

[42] L. M. Abdulrahman *et al.*, "A state of art for smart gateways issues and modification,"
Asian Journal of Research in Computer Science, vol. 7, no. 4, pp. 1-13, 2021.

[43] L. M. Abdulrahman, S. R. Zeebaree, e N. Omar, "State of Art Survey for Designing and Implementing Regional Tourism Web based Systems," *Academic Journal of Nawroz University,* vol. 11, no. 3, pp. 100-112, 2022.

[44] M. A. Omer, A. A. Yazdeen, H. S. Malallah, e L. M. Abdulrahman, "A Survey on Cloud Security: Concepts, Types, Limitations, and Challenges," *J. Appl. Sci. Technol. Trends,* vol. 3, no. 02, pp. 47-57, 2022.

[45] L. M. Abdulrahman, S. H. Ahmed, Z. N. Rashid, Y. S. Jghef, T. M. Ghazi, e U. H. Sami, "Deteção de Phishing na Web utilizando o Web Crawling, a Infraestrutura de Nuvem e a Estrutura de Aprendizagem Profunda," 2020.

[46] B. T. Chicho, L. M. Abdulrahman, U. H. Jader, N. Mahdi, M. A. O. Abdulkarim, e T.
M. G. Sami, "EFEITOS SIGNIFICATIVOS DAS ARQUITECTURAS DE ESTRUTURAS DE QUADROS DE SERVIÇOS WEB NAS INFRA-ESTRUTURAS DE CLOUD E DE SISTEMAS DE INFORMAÇÃO".

[47] T. M. G. Sami, Z. S. Ageed, Z. N. Rashid, e Y. S. Jghef, "Distributed, Cloud, and Fog Computing Motivations on Improving Security and Privacy of Internet of Things," *Mathematical Statistician and Engineering Applications,* vol. 71, no. 4, pp. 7630-7660, 2022.

[48] H. R. Abdulqadir, L. M. Abdulrahman, U. H. Jader, N. M. Abdulkarim, M. A. Omar, e
T. M. G. Sami, "FAULT TOLERANCE IN CLOUD COMPUTING BASED ON WEB TECHNOLOGY FANDAMENTALS".

[49] N. M. ABDULKAREEM e S. R. ZEEBAREE, "OPTIMIZATION OF LOAD BALANCING ALGORITHMS TO DEAL WITH DDOS ATTACKS USING WHALE OPTIMIZATION ALGORITHM," *Journal of Duhok University,* vol. 25, no. 2, pp. 65- 85, 2022.

[50] N. S. Hassan, L. M. Abdulrahman, M. M. Delzy, N. M. Abdulkarim, M. A. Omar, e
T. M. G. Sami, "SERVIÇOS DE COMPUTAÇÃO EM NUVEM DE ALTO DESEMPENHO E SUAS INFLUÊNCIAS PELA TECNOLOGIA WEB BASEADA EM SISTEMAS DE INFORMAÇÃO".

[51] S. A. Mohammed, L. M. Abdulrahman, M. M. Delzy, N. M. Abdulkarim, M. A. Omar, e T. M. G. Sami, "QUADROS DE SISTEMAS EMPRESARIAIS BASEADOS EM TECNOLOGIA WEB E COMPUTAÇÃO EM NUVEM COM APLICAÇÕES PARA CIDADES INTELIGENTES".

[52] N. M. Abdulkareem, A. M. Abdulazeez, D. Q. Zeebaree, e D. A. Hasan, "COVID-19 world vaccination progress using machine learning classification algorithms," *Qubahan Academic Journal,* vol. 1, no. 2, pp. 100-105, 2021.

[53] H. R. Abdulqadir *et al.*, "A study of moving from cloud computing to fog computing," (Um estudo da passagem da computação em nuvem para a computação em nevoeiro).
Qubahan Academic Journal, vol. 1, n.º 2, pp. 60-70, 2021.

[54] M. M. Sadeeq, N. M. Abdulkareem, S. R. Zeebaree, D. M. Ahmed, A. S. Sami, e R. R. Zebari, "IoT and Cloud computing issues, challenges and opportunities: A review," *Qubahan Academic Journal,* vol. 1, n.º 2, pp. 1-7, 2021.

[55] S. Almufti, R. Asaad e B. Salim, "Revisão do desempenho do algoritmo de otimização de pastoreio de elefantes na resolução de problemas de otimização", *International Journal of Engineering & Technology,* vol. 7, pp. 6109-6114, 2018.

[56] A. Abdulazeez, B. Salim, D. Zeebaree e D. Doghramachi, "Comparison of VPN Protocols at Network Layer Focusing on Wire Guard Protocol", 2020.

[57] N. M. Abdulkareem e A. M. Abdulazeez, "Classificação de aprendizagem automática baseada no Algoritmo Radom Forest: A review," *International Journal of Science and Business,* vol. 5, no. 2, pp. 128-142, 2021.

[58] A. S. Abdulraheem, A. I. Abdulla, e S. M. Mohammed, "Enterprise resource planning systems and challenges," *Technology Reports of Kansai University,* vol. 62, no. 4, pp. 1885-1894, 2020.

[59] B. W. SALIM e S. R. ZEEBAREE, "RECONHECIMENTO ISOLADO E CONTÍNUO DE GESTOS DA MÃO COM BASE NA APRENDIZAGEM PROFUNDA: UMA REVISÃO".

[60] B. W. Salim e S. R. Zeebaree, "Design & Analyses of a Novel Real Time Kurdish Sign Language for Kurdish Text and Sound Translation System," in *2020 IEEE International Conference on Problems of Infocommunications. Ciência e Tecnologia (PIC S&T)*, 2020: IEEE, pp.

348-352.

[61] O. N. A. Hanosh e B. Salim, "11× 11 Playfair Cipher based on a Cascade of LFSRs,"
Matrix, vol. 11, p. 11, 2013.

[62] S. Guramand, R. Saedudin, R. Hassan, S. Kasim, R. Ramlan e B. Salim, "Núcleos bio-inspirados otimizados com máquina de vetor de suporte duplo usando sequências de baixa identidade para resolver a classificação multiclasse de desequilíbrio", *Journal of Environmental Biology,* vol. 40, no. 3, pp. 563-576, 2019.

[63] O. N. A. Hanosh e B. W. Salim, "The Effect s of Changing Step-Size Parameter on an Adaptive Noise Cancellation Using Least Mean Square Algorithm (LMS)".

[64] N. ELYATAWFIQ e W. S. BARA'A, "AN ENHANCED STEGANOGRAPHY TECHNIQUE FOR CRYPTING &HIDING ARABIC TEXT IN TO DIGITAL IMAGE," *Journal of Duhok University, p.* 74.

[65] B. W. Salim, B. K. Hussan, Z. S. Ageed e S. R. Zeebaree, "Improved Transient Search Optimization with Machine Learning Based Behavior Recognition on Body Sensor Data" (Otimização de pesquisa transitória melhorada com reconhecimento de comportamento baseado na aprendizagem automática em dados de sensores corporais).

[66] B. W. Salim e S. R. Zeebaree, "RECONHECIMENTO DA LÍNGUA SINAL KURDISH COM BASE NA REDE EFICIENTE".

[67] S. Mandal, "Brief introduction of virtual reality & its challenges," *International Journal of Scientific & Engineering Research,* vol. 4, no. 4, pp. 304-309, 2013.

[68] P. Parvinen, J. Hamari e E. Pöyry, "Introduction to the Minitrack on Mixed, Augmented and Virtual Reality: Co-designed Services and Applications", 2019.

[69] J. Allspaw, J. Roche, M. Yannuzzi, H. A. Yanco e N. Lemiesz, "Teleoperando remotamente um robô humanoide para realizar tarefas motoras finas com realidade virtual - 18446", 2018: WM Symposia, Inc., PO Box 27646, 85285-7646 Tempe, AZ (Estados Unidos).

[70] D. Markowitz e J. Bailenson, "Virtual reality and communication", *Human Communication Research,* vol. 34, pp. 287-318, 2019.

[71] D. Gavalas, S. Sylaiou, V. Kasapakis, e E. Dzardanova, "Special issue on virtual and mixed reality in culture and heritage", *Personal and Ubiquitous Computing,* vol. 24, pp. 813-814, 2020.

[72] A. Scavarelli, A. Arya, e R. J. Teather, "Virtual reality and augmented reality in social learning spaces: a literature review," *Virtual Reality,* vol. 25, pp. 257-277, 2021.

[73] H. F. Moore e M. Gheisari, "A review of virtual and mixed reality applications in construction safety literature", *Safety,* vol. 5, no. 3, p. 51, 2019.

[74] Carmigniani, J. (2011). Augmented Reality: An Overview. Handbook of augmented reality/Springer.

yes
I want morebooks!

Buy your books fast and straightforward online - at one of world's fastest growing online book stores! Environmentally sound due to Print-on-Demand technologies.

Buy your books online at
www.morebooks.shop

Compre os seus livros mais rápido e diretamente na internet, em uma das livrarias on-line com o maior crescimento no mundo! Produção que protege o meio ambiente através das tecnologias de impressão sob demanda.

Compre os seus livros on-line em
www.morebooks.shop

Printed by Books on Demand GmbH, Norderstedt / Germany